Cómo ser un tutor de tesis

DR. JOSÉ SUPO

Médico Bioestadístico

www.bioestadistico.com

Cómo ser un tutor tesis – Las verdaderas funciones del maestro o mentor

Primera edición: Enero del 2015

Editado e Impreso por BIOESTADISTICO EIRL
Av. Los Alpes 818. Jorge Chávez, Paucarpata, Arequipa, Perú.

Hecho el depósito legal en la Biblioteca Nacional del Perú.

N ° 2015-00004

ISBN: 1505895502
ISBN-13: 978-1505895506

DEDICATORIA

A los investigadores, que aportan al conocimiento y a la construcción del método investigativo…

A los que pretenden con la ciencia mejorar el mundo.

CONTENIDO

1 Definición de tutor o mentor   1

2 Diferencias con el asesor de servicios   7

3 Orientando la vocación del alumno   13

4 Desarrollando la tarea de la tesis   19

5 Definiendo el propósito del estudio   25

6 El ámbito de recolección de datos   31

7 Revisando el enunciado del estudio   37

8 Analizando la factibilidad del estudio   42

9 Las observaciones del jurado   48

10 Las tareas que no pueden delegarse   55

Principio N° 1

Definición de tutor o mentor

La forma más simple de definir a un tutor es con el término 'mentor', que debería ser también un maestro, solo que no todos los profesores universitarios pueden ser considerados como maestros. Vamos a utilizar los términos de 'tutor' y 'mentor' como si fuesen sinónimos, para no confundirnos con otra terminología que también aparece en el desarrollo de una tesis. El tutor o mentor debe tener tres características básicas:

La primera es que debe ser un experto dentro de la temática en la que se va a desarrollar el trabajo de investigación del alumno.

Así, si el alumno va a desarrollar un estudio acerca de la enfermedad de la diabetes, el tutor o mentor podría ser un endocrinólogo, un experto en el tema de la diabetes y su experiencia lo convierte en un consejero sabio para todas las cuestiones relacionadas a la enfermedad de la diabetes.

Esta es la primera característica que debemos identificar en un tutor o mentor, es decir ¿primero definimos la línea de investigación o primero escogemos al tutor o mentor? En el ejemplo que acabo de colocar, donde dijimos que si el alumno va a desarrollar un trabajo de investigación sobre la enfermedad de la diabetes, entonces debiera escoger como tutor o mentor a un especialista en endocrinología.

Esta es la relación temporal, ese es el orden cronológico de los eventos. Primero, el alumno tiene que definir su línea de investigación y después, en función a la línea de investigación, es que escoge al tutor o mentor que va a ser el guía que le ayude a desarrollar su trabajo.

Por lo tanto, no es que el alumno se acerque a un docente y le pida un tema de tesis. Esa no es la forma adecuada, sino más bien que el alumno identifique su línea de investigación, aquello que más le apasiona, en lo cual quiere desarrollar su trabajo, y en función a este tema, es que va a elegir al tutor o mentor de los posibles que tenga para poder elegir (si es que acaso puede elegir, habrán casos en que no podrá hacerlo).

La primera característica del tutor es que sea un experto, un especialista, y lo elegimos en función a la línea de investigación del alumno.

La segunda característica o condición de un tutor o mentor es que sea un maestro, un pedagogo, porque hay muchos expertos y muchos especialistas que son excelentes en su campo, ya sean endocrinólogos, pediatras o neumólogos, pero que no tienen la mínima intención de compartir sus amplios conocimientos; porque la vocación de un maestro no la tenemos todos.

Debido a esto, si ubicamos a una persona que tiene mucha experiencia en el desarrollo de una determinada especialidad, conoce suficiente o conoce bastante sobre un determinado tema, eso no es suficiente. Para poder decir que será un buen tutor o mentor hace falta la vocación de maestro, esa condición que hace que una persona quiera adoptar la intencionalidad investigativa del alumno. No todos los docentes universitarios estamos predispuestos a tomar este reto, esta iniciativa, que tiene el alumno para poder desarrollar su trabajo de investigación.

Por lo tanto, la segunda característica o la segunda condición del tutor o mentor es que sea un maestro o que tenga la vocación de maestro, porque ya habíamos dicho al principio que no todos son maestros. El maestro que tiene vocación de serlo tiene una habilidad natural para la pedagogía, es una persona que sabe compartir sus conocimientos de una forma natural, sin esfuerzo y sin ningún sacrificio. Por eso, la característica o la habilidad pedagógica que tienen los tutores, mentores o maestros, son naturales.

La tercera condición o característica que debe tener el tutor o mentor es que, lógicamente, deba ser un investigador, porque si retomamos las dos características, que debe ser un experto y que debe ser un maestro, pues no todos los expertos son investigadores.

Hay muchos especialistas, expertos en determinadas áreas o especialidades, que en no tienen intención de compartir sus conocimientos con nadie, que no tienen la vocación de maestro. Esto no les resta su calidad de profesional, solo que no son o no han nacido para ser maestros, y muchos de estos especialistas tampoco son investigadores, cuando se esperaría que todo especialista sea un investigador. Sin embargo, lo concreto es que no todos cumplen este requisito.

Si este especialista no es un investigador, no va a poder a desarrollar la tarea del tutor o mentor. Incluso si este especialista tiene la vocación de maestro, tiene la vocación de compartir su conocimiento, de conducir a sus pupilos, alumnos o seguidores, incluso si tiene esa sana intención, pero no es un investigador, lógicamente no va a poder conducir la tarea investigativa de su pupilo o de su alumno.

Estas son las tres características que no pueden faltar en un tutor o mentor. La primera, ser un experto, un especialista; la segunda, debe ser un maestro que debe tener vocación y habilidades pedagógicas, y la tercera, debe ser un investigador.

Esta demás decir que la línea de investigación de este tutor o mentor debe ser la misma que el alumno ha elegido inicialmente para desarrollar su trabajo. Por eso dijimos que en primer lugar el alumno debe definir su línea de investigación y a partir del tema que lo lleva a desarrollar esta tarea investigativa, es que puede seleccionar a un tutor o mentor.

Todo tutor o mentor debe cumplir estas tres características y, además, el alumno es quien debe elegirlo. Pero esto es lo ideal, en la práctica sabemos que no ocurre, porque la universidad no promueve este tipo de tutoría o mentoría; en la práctica, en la mayoría de universidades y no son en todas, lo que sucede normalmente, es que el tutor es seleccionado por una unidad académica y es asignado a un alumno sin tener en cuenta la línea de investigación, el tema que se está desarrollando y sin tener ningún criterio en particular. O, por otro lado, si se permite que los alumnos escojan a sus tutores, la mayoría de los alumnos escogerán solamente a uno; esto suele ocurrir con mucha frecuencia.

Hay profesores universitarios que tienen a su cargo muchos alumnos desarrollando su trabajo de investigación, y hay profesores que no tienen ningún alumno. Esto sucede porque, algunos profesores tienen una mejor personalidad, más empatía, mejor desempeño, carisma, buena actitud, vocación de maestro y atraen a los alumnos. Como consecuencia se sobrecarga trabajo a algunos profesores, mientras que otros no tendrán ninguno. Por supuesto, esto también es un error.

Lo correcto es que cada alumno defina su línea de investigación y en función a esta pueda escoger libremente entre los tutores disponibles que se encuentren en la universidad. Para ello, la institución debería publicar las líneas de investigación de todos sus profesores, porque se sobreentiende que todos son maestros y todos son investigadores.

Si no lo son todos, por lo menos, la universidad debería publicar la línea de investigación de todos sus investigadores, para que cuando un alumno defina su propia línea de investigación a partir de este tema preliminarmente seleccionado, pueda escoger un tutor que comparte su línea de investigación o que por lo menos sea lo más similar posible. Esto porque los investigadores que han recorrido más la línea de investigación podrán guiar con mucha eficiencia a los alumnos que están comenzando.

Otro error que cometen las universidades, es que los alumnos puedan elegir como tutores o mentores solamente dentro de su staf de profesores universitarios. No hay ninguna razón lógica, ni racional, para evitar que un alumno escoja como tutor o mentor a un especialista con vocación de maestro e investigador que no sea docente de la universidad donde el alumno va a desarrollar su trabajo de investigación. Incluso podría ni siquiera ser docente universitario.

Es decir, hay muchos especialistas, muchos expertos en determinados ámbitos que no siendo profesores, tienen la vocación maestro, tienen habilidades pedagógicas, tienen la intención de compartir su conocimiento, de formar equipos de trabajo, para fortalecer líneas de investigación y que podrían ser perfectamente tutores o mentores de los tesistas ya sean de pre o de postgrado.

Como todas las líneas de investigación son distintas, incluso es improbable que un alumno, habiendo definido su línea, encuentre un tutor o mentor dentro de los muros de su universidad.

Así, se debería permitir que especialistas que no son docentes de la universidad o incluso si ni siquiera son docentes, pero tienen la vocación de maestros, puedan ser tutores o mentores, de los tesistas que van a desarrollar su trabajo de investigación dentro de su misma línea. Ellos son los guías perfectos y esta es la mejor característica que debiéramos buscar en un tutor o mentor.

Principio N° 2

Diferencias con el asesor de servicios

Luego de haber definido el concepto del tutor o mentor, hay que diferenciarlo de otros factores que también participan en el desarrollo de un trabajo de investigación tipo tesis. Hay una diferencia muy grande entre el tutor o mentor y el asesor de servicios. Los asesores de servicios brinda un servicio profesional y, como tal, son remunerados. Pueden brindar el servicio del análisis estadístico, el análisis de los resultados, la toma de las muestras, las mediciones; pueden hacer también la recolección de datos, el trabajo de campo, es decir, pueden surtir de una serie de servicios al investigador y hacer más sencilla su tarea.

Hay que tener en cuenta que el investigador no es el que desarrolla absolutamente todos los pasos de un trabajo de investigación, que el trabajo en equipo siempre será aquel que tenga mejores resultados. Los investigadores no necesariamente recolectan sus datos, no necesariamente procesan su información, no necesariamente realizan las informaciones.

En los estudios doblemente ciegos, por ejemplo, se contrata a otro especialista para que realice las mediciones y evitar el sesgo del investigador, que perjudica las conclusiones del estudio. Quitémonos de la cabeza que el investigador es el que realiza todos los pasos, absolutamente cada uno de los pasos que se tienen que desarrollar en el trabajo de investigación.

Podemos contratar asesores, podemos contratar, por ejemplo, a un asesor estadístico; podemos contratar a un asesor metodológico para que nos ayude a construir el mejor diseño para nuestro propósito investigativo; podemos contratar a un equipo de jóvenes que nos ayuden a realizar las encuestas; podemos contratar a un técnico para que nos ayude a hacer las mediciones los cultivos, etc.

Entonces, ¿cuál es la diferencia entre el asesor de servicios y el tutor o mentor? Es que el asesor de servicios, como cualquier otro profesional, es un profesional remunerado.

En cambio, el tutor o mentor, al ser una guía casi paterna del alumno, el consejo que viene de su experiencia es de valor incalculable, no recibe remuneración. Idealmente no debiera recibirla porque no es posible cuantificar el valor de la experiencia de un investigador que tiene una línea de investigación muy avanzada.

El tutor o mentor es un investigador que no desarrolla los procedimientos de la investigación, es la guía del alumno, es la motivación, es la luz que lo ilumina y que le da su sabio consejo en todo momento para que el alumno no desfallezca, para que continúe adelante, para que siga motivado en el desarrollo de su trabajo.

El alumno, sobre todo si se encuentra en el postgrado, puede perfectamente contratar asesores de servicio para agilizar su tarea, pero la tarea más grande que tiene es la de conducir su propio trabajo de investigación. Para esto necesita el consejo de un experto, de un maestro que lo guie en esta tarea que se le ha designado. Esa es la tarea del tutor o mentor. No es posible cuantificar la experiencia de un investigador, así que el trabajo que realiza el tutor o mentor es realmente de una magnitud incalculable.

Si existiera un incentivo económico para el tutor o mentor, este recibiría una mayor cantidad de alumnos, como sucede con las actividades económicas que desarrollamos. El tutor o mentor que se desfigura o que degenera, va a recibir más alumnos de los que puede habitualmente absorber, incluso sin considerar la línea de investigación. Si no comparte la línea de investigación con sus alumnos, la relación entre el tesista y su tutor o mentor se va a convertir en una relación comercial.

Cuando pensamos en un tutor o mentor, pensamos en una guía casi paterna, y los consejos que nos dan nuestros padres no tienen un valor comercial, no tienen un valor monetario, simplemente son de valor incalculable. Esa es la figura que se produce entre el alumno o tesista y su tutor o mentor, el especialista que cuenta con una línea de investigación.

El tutor o mentor en este escenario tiene, además, una red de contactos, porque un investigador no es un personaje aislado, es decir, que la investigación no se desarrolla de manera aislada, sino que siempre estamos solicitando el apoyo de otros investigadores, de otros especialistas, siempre estamos construyendo una red profesional una red investigativa. y…

Todo esto el tutor o mentor lo pone al servicio de su alumno. Eso es algo que tampoco puede ser calculado en términos monetarios, y lo hace por una razón, porque el alumno comparte la línea de investigación con su tutor o mentor y cualquier aporte que se haga en el conocimiento, en el desarrollo de su trabajo, va a servir para nutrir la línea de investigación del propio tutor o mentor. En algunos casos incluso podría cubrir algunos aspectos que en el camino, en el desarrollo de su investigación, hayan quedado vacías y que el alumno perfectamente puede optar por desarrollar este propósito investigativo.

Como el alumno es un investigador en formación, está comenzando a conocer su línea de investigación y adopta la línea de investigación del tutor o mentor por la afinidad que tiene, por el interés que tiene por el tema, por la pasión que ha desarrollado por trabajar en un determinado tema investigativo.

Entonces, lo más frecuente es que el alumno, con sus resultados, contribuya al conocimiento de la línea de investigación de su tutor, y el tutor, a su vez, brindará el consejo y la guía a su alumno de una forma desinteresada, porque se convierte en una relación simbiótica entre ambos.

Lo que ocurre es que se empieza a formar un equipo de investigación que no termina con el trabajo de tesis. Es decir, la relación que se inicia entre maestro y alumno no termina con la graduación, sino que va a perdurar mientras ambos permanezcan dentro de la línea de investigación. De hecho, si el alumno continúa con el desarrollo de su línea de investigación, tanto en la tesis del pregrado, la maestría, el doctorado, la especialidad y todas las investigaciones o artículos que publican revistas científicas, siempre va a necesitar de una guía.

Esta guía es el tutor o mentor, que va más adelante por su experiencia dentro de esta línea de investigación. Una cuestión muy importante en la mentoría o tutoría es que un investigador no siempre llega a demostrar su hipótesis. Por ejemplo, vamos a suponer que los estudios que ha desarrollado tienen hipótesis y muchos de los trabajos que ha desarrollado el tutor o mentor han sido fracasos, porque no todo es éxito.

Entonces, muchos de los trabajos que el investigador se propuso inicialmente, no ha podido concluirlos con el éxito que esperaba, no ha podido demostrar su hipótesis y, lógicamente, como no demostró su hipótesis, no lo publicó en ningún lado, no lo publicó en una revista científica porque en las revistas científicas no aceptan trabajos con hipótesis negativas o que no llegaron a demostrarse.

Este conocimiento es valioso, sin embargo, no se encuentra en ningún lado. Cuando el alumno o tesista, cuando el pupilo pretende desarrollar un propósito investigativo que ya había pensado anteriormente su tutor o mentor, este le brindará la formación, la experiencia y el consejo necesario para poder redirigir su propósito investigativo, su método investigativo o las características del diseño de su estudio para que no cometa el mismo fracaso que el tutor o mentor sí ha experimentado, pero no lo puede publicar en ningún lado, porque no se publican los trabajos negativos.

Lo que aporta el tutor no solamente es la experiencia positiva con los hallazgos, con las hipótesis demostradas, sino también por los fracasos que pudo haber tenido. Además, habíamos mencionado que la relación entre el maestro y el alumno se mantiene constante o es consistente a lo largo de toda la vida investigativa de estas dos personas.

Como es lógico, el maestro siempre irá adelante en el conocimiento, adelante en la línea de investigación para poder ser una guía de su alumno o de su pupilo.

Cuando nos toca la tarea de ser tutores o mentores, sentimos ese compromiso que tenemos los maestros de mantenernos siempre actualizados, a la vanguardia, siempre adelante, para poder nutrir a nuestros seguidores, a nuestros alumnos, a nuestros pupilos con conocimientos nuevos, frescos, con la experiencia, con los resultados hallados. Esto motiva realmente a que el investigador, el maestro o tutor o mentor, se mantenga siempre adelante.

En consecuencia, esta relación de trabajo en equipo que se forma entre el alumno o tesista y el tutor o mentor es realmente muy provechosa siempre que compartan la línea de investigación, siempre que el tutor o mentor tenga las tres características mencionadas al inicio y siempre que el alumno tenga la intención honesta de hacer investigación, porque el trabajo de tesis es un buen punto de partida para afianzar relaciones entre investigadores.

Uno que recién está comenzando a conocer una línea de investigación, que recién está experimentando con un método investigativo, que comienza a hacer análisis estadístico, puede perfectamente complementar la tarea de su maestro en algunos aspectos donde todavía existan vacíos en la línea de investigación.

Principio N° 3

Orientando la vocación del alumno

Dijimos es que lo ideal es que el alumno elija o defina su línea de investigación, y a partir del tema que define su línea de investigación elija a un tutor o mentor. Pero esto no es lo habitual. Lo que comúnmente ocurre es que el alumno no tiene idea de cuál es su línea de investigación, de cuál es el tema en que va a desarrollar su trabajo de tesis. Por lo tanto, acude hacia los maestros de la universidad para sugerirles o pedir que les sugieran un tema de tesis.

De hecho, es la pregunta que más frecuentemente recibimos los maestros de parte de los alumnos. Siempre se nos acercan preguntando qué tema de investigación pueden desarrollar para su trabajo o si se le puede sugerir un tema de tesis. Esto quiere decir que el alumno no ha definido su línea de investigación y lo lógico es que no lo haya definido porque ni siquiera sepa qué es una línea de investigación.

La primera tarea que tendrá un tutor o mentor cuando se encuentra frente a uno de estos alumnos, es ayudarle a definir su propia línea de investigación.

Una línea de investigación es como una vocación dentro de otra vocación. Los que somos médicos tenemos la vocación de atender la dolencia del paciente pero, además de eso, cada médico escoge una determinada especialidad.

Es decir, unos prefieren la radiología y otros optan por la pediatría, otros se dedican a la cardiología y cada quien escoge la especialidad que va a desarrollar según sus propias afinidades. Esta es la misma forma en la que un alumno debe elegir su línea de investigación. Así, la tarea del tutor o mentor, en este caso, es la de orientador vocacional.

Es muy similar lo que ocurre cuando los estudiantes están por terminar sus estudios secundarios y tienen que elegir una carrera universitaria. En muchos lugares, en muchos países, se evalúa a los estudiantes, se les realiza un test de orientación vocacional para descubrir en ellos cuál es su potencial profesional, cuál es la carrera profesional en la que se desenvolverían con más éxito.

Pues bien, ocurre lo mismo cuando queremos ayudar a definir la línea de investigación de un alumno. Lógicamente, como todos somos diferentes, todos tenemos habilidades y pasiones distintas, nos atraen diferentes temas; solo que algunos no lo saben, muchos todavía no se terminan de enterar cuál es la vocación que tienen, para así desarrollar esta actividad profesional en la vida.

De hecho, muchos profesionales se equivocan a la hora de elegir la profesión. Incluso terminan estudiando una vocación que no les gusta, que no es de su agrado, que no es parte de su vocación y, claro, lo que consiguen es ser profesionales que no tienen grandes éxitos profesionales en su vida académica, en su vida laboral.

Lo mismo puedo ocurrir con un investigador. Si el alumno elige erróneamente su línea de investigación, será un investigador de bajo calibre, un investigador que no se especializa, que no logra consolidar su aporte al conocimiento, que no logra contribuir realmente a la ciencia y al conocimiento y siempre está investigando cuestiones totalmente inconectadas.

Como aquellos investigadores que desarrollan estudios en diferentes líneas de investigación. Es muy frecuente ver profesionales que desarrollan un trabajo de investigación en Obstetricia para lograr su grado académico; luego, en la maestría, hacen un estudio de Calidad de la Atención, y después, en el doctorado, hacen un estudio sobre Bioseguridad. Tres temas totalmente, que pertenecen a distintas líneas de investigación y que no van a convertir a nadie en un experto; porque aquel que busca ser todo un experto en todo, termina siendo un experto en nada.

Esto ocurre porque los alumnos no han terminado de definir su línea de investigación. Y no solamente los alumnos, sino muchos profesionales que publican incluso en revistas científicas. Estos andan publicando en diferentes líneas de investigación y no logran consolidar su experticia, no logran que su experiencia sea transcendental porque no tienen una línea de investigación definida y andan cambiándola, porque realmente no encuentran algo que les apasione.

Por eso, la primera tarea del tutor o mentor es ayudar al alumno a descubrir su potencial como investigador, descubrir dentro de las percepciones internas, dentro de las experiencias que tiene el propio alumno o tesista, dentro de sus potencialidades y de la pasión que tenga por el desarrollo de un determinado tema por querer solucionar un problema que se convierte en tema de investigación y que en el campo de la salud son las enfermedades como la diabetes, la hipertensión, la hipercolesterolemia, problemas que generan líneas de investigación que ameritan desarrollar distintos estudios para poder solucionar esos problemas.

Si nos enfocamos en un determinado problema desarrollando una línea de investigación, la consecuencia natural es que iremos cubriendo paso a paso deficiencias y defectos en el conocimiento y logremos llegar al nivel más alto de la investigación, que es la investigación aplicada, la solución de problemas, el tratamiento de las enfermedades y realmente contribuyamos con la ciencia y el conocimiento.

Si no descubrimos nuestra línea de investigación, estaremos divagando, estaremos perdidos, estaremos dando vueltas por todo sitio y nunca estaremos contribuyendo realmente al conocimiento. Pero lo peor de todo es que nunca nos sentiremos satisfechos por el trabajo investigativo que estamos realizando, porque nadie nos va a reconocer un trabajo mediocre, porque si hacemos estudios en diferentes líneas de investigación nunca nos convertiremos expertos en un determinado tema.

En cambio, cuando tenemos una determinada línea de investigación es que nos convertimos en referentes naturales, así que a partir de eso es que el tutor o mentor tiene que ayudar al alumno o tesista a descubrir esa vocación.

Si bien un especialista tiene más posibilidades de éxito profesional, pues hay muchos especialistas en cada una de las opciones que tenemos los médicos, y que seguramente hay en otras carreras profesionales, así que ese plus diferencial que debe tener el profesional, lo puede tener perfectamente como investigador, con una determinada línea si es que realmente la descubre y la llega desarrollar.

Así, la gran tarea del tutor o mentor es ayudar a descubrir la línea de investigación del alumno cuando este aún no la ha definido. De hecho, este va hacer el caso más frecuente. Más del 95% de los estudiantes de pregrado y también los de posgrado no tienen una línea de investigación.

¿Cómo es posible que el tutor o mentor pueda ayudar con esta tarea a su alumno? Pues tiene que detectar características particulares en el alumno.

Porque todos nos sentimos atraídos por un determinado tema, entonces, tiene que pensar en qué es lo que más le gusta al alumno, qué es lo que más le apasiona, cuál es el tema que más ha leído en el pasado. Todos somos referente naturales en un determinado tema. En los años de pregrado seguramente muchos nos andaban preguntando sobre una determinada temática, porque se nos hacía muy fácil entender estos conceptos, cuando para otros les resulta dificultoso.

Pues bien, ese es el camino para descubrir lo que realmente nos apasiona, porque hay temáticas donde estamos leyendo incluso cuando no tenemos la obligación de hacerlo. Si hacemos estas preguntas, si hacemos esta entrevista al alumno, podremos descubrir en él su vocación de querer solucionar un determinado problema, que en la ciencia de la salud es un enfermedad.

Existen atracciones naturales de los profesionales por querer conocer más sobre un determinado tema y es allí donde lo ubicaremos para que pueda identificar su línea de investigación. Probablemente el tutor o mentor que se le ha asignado al alumno en forma preliminar descubre en su alumno que su línea de investigación no es la misma que el tutor o mentor, lo más razonable es que deba derivarlo con otro investigador, con otro maestro que sí comparta la línea de investigación del alumno.

En este caso, tendríamos que hacer una transición entre dos tutores o mentores, porque si yo descubro que mi alumno tiene mucha pasión por el desarrollo de un determinado tema, pero está muy alejado de la línea de investigación que yo desarrollo, es poco probable que pueda contribuir en su formación investigativa, que pueda brindar mi experiencia y compartir mi red de investigadores, mi red social profesional para ayudar en su trabajo de tesis.

Lo razonable y lógico en este caso es que, conociendo un poco más del ámbito investigativo, pueda ayudarle al alumno o tesista a identificar un tutor o mentor que esté acorde a su línea de investigación, que pude ayudarle a reconocer en esta primera instancia. Esta es la secuencia natural que deberíamos desarrollar cuando el alumno no tiene una línea de investigación. El tutor o mentor le ayuda a descubrir su vocación de ser investigador, le ayuda a descubrir su línea de investigación y, si los campos no coinciden, lo deriva con alguien que realmente lo pueda conducir en esta tarea investigativa.

Principio N° 4

Desarrollando la tarea de la tesis

Este es el punto donde vamos hablar acerca de quién es el encargado de desarrollar cada uno de los pasos que conforman el trabajo de investigación o la tesis.

Como es lógico, hay que construir un proyecto, escribir un enunciado, buscar información, para construir el marco teórico, los antecedentes investigativos; hay que identificar las variables que vamos a enmarcar en nuestro trabajo, plantear los objetivos, recolectar datos, hacer análisis estadístico.

Probablemente haya que hacer trabajo de campo, en algunos casos trabajos de laboratorio, y luego hay que escribir el informe final del trabajo de investigación. Todas estas tareas son responsabilidad del autor, del alumno o tesista, en ningún caso es responsabilidad del tutor de tesis.

Es aquí donde muchos tutores confunden sus funciones, porque piensan que mientras más alumnos tengan desarrollando su tutoría, más trabajo les va a recargar a sus labores académicas.

Esto no es verdad porque el tutor de tesis no es una persona que le ayude hacer las mediciones al alumno, no es una persona que le ayude a realizar su análisis estadístico, no le tiene que escribir el enunciado de su trabajo, ni tiene la tarea de buscarle sus antecedentes investigativos; de ninguna manera. Todas estas actividades son de responsabilidad absoluta del alumno o tesista.

¿Cuál es la labor del tutor o mentor? Pues, la de ser un guía en el trabajo de investigación. Es lo que modernamente se denomina el coach. En la empresa hablamos del coach empresarial. Si tú tienes una empresa, puedes consultar con un experto, puedes tener un consultor empresarial para que te dé consejo y guía acerca de los siguientes pasos que tienes que desarrollar para mejorar tu negocio.

Pues bien el tutor o mentor es un coach investigativo, es una persona a la cual nosotros acudimos para recibir consejos, para absorber su experiencia, para no cometer los errores que él va a compartir con nosotros, para avanzar más rápido en nuestra línea de investigación, para que sea una persona que nos permita facilitar nuestra tarea investigativa. En ningún caso el tutor o mentor desarrolla la tarea del alumno o tesista.

Muchos tutores universitarios que se les asigna esta tarea rechazan la labor, no permiten que les asignen alumnos para tutoría porque piensan que se les vas a recargar una tarea adicional, una tarea que no deben ejecutar los tutores o mentores, sino más bien los alumnos o tesistas.

Ahora vamos a contar una historia muy conocida por la mayoría se trata de la historia de la odisea, cuando termina la guerra con Troya, Odiseo, conocido también como Ulises, tarda mucho tiempo en retornar a su patria, Ítaca, y él había dejado a su hijo Telémaco a cargo de su mejor amigo, Mentor, de hecho de allí viene el nombre de la palabra mentor o maestro.

Como Telémaco iba ser el próximo rey de Ítaca, tenía que aprender labores administrativas, tenía que aprender liderazgo, tenía que aprender el arte de la guerra etc. Todas la tareas del próximo rey, y la persona encargada de enseñarles todas estas actividades, de ayudarle a desarrollar todas estas habilidades era el mejor amigo de Ulises, Mentor.

Como vemos, la tarea que desarrolla el mejor amigo de Odiseo es decir Mentor, no tiene una cuantía remunerativa, no es posible calcular el valor que se le debe remunerar por enseñarle a ser rey a su hijo, es lo mismo que ocurre con el tutor o mentor, no es posible calcular el monto remunerativo que se le debiera asignar en el caso de que esto fuese así.

Es que la tarea del tutor o mentor no puede ser remunerada, porque no tiene un valor monetario que se le pueda asignar. Haciendo la analogía con la historia de Mentor con su alumno, Telémaco, él tenía que enseñarle habilidades como el arte de la guerra, la administración, el liderazgo y no es que sean actividades que deba desarrollar el maestro, no, son habilidades que tiene que aprender el alumno y, por lo tanto, tiene que hacerlo.

Dentro de estas habilidades está también la capacidad de trabajar en equipo y de delegar actividades que puedan hacer más eficiente la administración.

Lo mismo ocurre con el trabajo investigativo, es decir, que no necesariamente el alumno o tesista, que en este caso es el autor del trabajo de investigación, es el que desarrolla su análisis estadístico. Es probable que sí sepa cómo hacerlo y tal vez sea conveniente que lo sepa, pero no es obligatorio que lo haga; del mismo modo no es necesario que realice las mediciones. En el caso de que se trate de un estudio prospectivo y si se trata de mediciones técnicas, pues puede contratar a un especialista, a una persona que le ayude con las mediciones que se necesitan para obtener los datos, que más adelante serán analizados, probablemente también por un tercero.

El tutor o mentor tampoco le puede exigir al alumno o tesista que desarrolle todos y cada uno de los pasos que conlleva hacer un trabajo de investigación. De hecho, parte de su entrenamiento como investigador y, más adelante, como el líder de un equipo de investigación, será que pueda designar estas tareas que no son relevantes realmente, desde el punto de vista del propósito investigativo, a otro grupo de personas que sean especialistas en su propio campo.

Sin embargo, hay tareas que sí son prioridad del alumno y en la que sí deba acompañar el tutor o mentor, como por ejemplo la escritura del enunciado del estudio. Después de que el alumno o tesista ha definido su línea de investigación, el siguiente paso será identificar el nivel investigativo donde se va a desarrollar el trabajo. Es en este punto en donde también el tutor o mentor ayuda a su alumno o tesista a poder identificar cuál es el punto, cuál es el vacío del conocimiento que se tiene dentro de una línea de investigación para poder allí ubicar el estudio y plantear un propósito investigativo a partir del cual desarrollaremos en enunciado del trabajo de investigación.

Quién mejor que el tutor o mentor para conocer los vacíos del conocimiento dentro de una línea de investigación que comparte con su alumno, para poder señalar el punto exacto el cual el alumno debería identificar su propósito investigativo y a partir del cual escribir el enunciado del estudio. Esta sí es un tarea que el tutor debe realizar de la mano con el alumno, porque probablemente el alumno no tenga experiencia en la escritura de enunciados.

Pero cuando digo que es una tarea que debe ser desarrollada de la mano con el tutor o mentor, no digo que sea el tutor o mentor quien escriba el enunciado, porque quien tiene que ganar habilidad escribiendo enunciados, identificando propósitos investigativos es el alumno. Así, el alumno, a partir de los vacíos en el conocimiento, tendrá que plantear alternativas de propósitos investigativos cuya pertinencia evaluará el tutor o mentor.

Estas tareas que desarrolla en alumno o tesista en compañía de su tutor o mentor no ameritan una reunión que pueda durar una o dos horas y que pueda consumir el tiempo del tutor, que además es un profesional, un investigador, un especialista, que tiene un trabajo probablemente académico o profesional, sino que lo hace acompañando de su tutor o mentor en todo momento que va desarrollando su trabajo profesional que a su vez suministra información para su línea de investigación.

Ten en cuenta que un investigador investiga siempre a su propia población, es decir, si el investigador, que es el tutor o mentor, tiene un Centro de Diagnóstico por Imágenes, probablemente su línea de investigación tenga que ver con el diagnostico de alguna patología que puede ser identificada con algún medio diagnóstico, que incluye su cartera de servicios.

Así, el investigador todo el tiempo está desarrollando investigación mientras desarrolla su trabajo profesional. Por lo tanto, que el alumno o tesista lo acompañe en su desempeño profesional es ya estar ganando experiencia en la línea de investigación y el hecho de compartir las experiencias propias del trabajo profesional generará ideas para el desarrollo del trabajo de investigación que se le encargó al alumno.

Es en este andar en el que ambos, ahora parte de un mismo equipo de investigación, identifican vacíos que deben ser cubiertos y que perfectamente pueden ser adoptados por el alumno porque comparte la línea de investigación con su maestro y que le podrá asignar tareas de entrenamiento para que pueda aprender a desarrollar el método investigativo.

Porque el alumno o tesista es un investigador en formación, así que es en este punto donde debe aprender de su maestro no solamente la especialidad que va a elegir más adelante, sino también la identificación de propósitos investigativos dentro de su línea de investigación.

Principio N° 5

Definiendo el propósito del estudio

Todo estudio tiene un propósito y lo podemos definir como la contribución que tiene el trabajo de investigación a su línea de investigación. En este punto, lógicamente, el alumno ya ha identificado su línea de identificación. Además, ha elegido a un tutor con el cual comparte su línea de investigación. Este tutor o mentor es un especialista, un maestro, un investigador que ha desarrollado muchos estudios dentro de esta línea de investigación, así que conoce con bastante amplitud el tema en cual se va a desarrollar el nuevo trabajo.

Vamos a suponer que este tema, esta línea de investigación es la diabetes. Pero dentro de esta línea de investigación se pueden desarrollar varios estudios como por ejemplo frecuencia de diabetes, factores de riesgo para la diabetes, causas de la diabetes, pronóstico de la diabetes, tratamiento de la diabetes. Estos son algunos estudios que se pueden desarrollar dentro de la línea de investigación denominada diabetes.

¿Cuál de estos estudios es el que debe desarrollar el alumno? Es la pregunta que nos hacemos en este momento. La respuesta es: aquel punto en el cual todavía no se conozca lo suficiente, es decir, una línea de investigación es una secuencia de estudios que vamos desarrollando, como si fuesen un cadena, porque una línea de investigación es como una cadena donde cada eslabón corresponde a un estudio y lo que vamos a desarrollar ahora, la tesis, corresponde solamente a un estudio, a un eslabón de la cadena.

El alumno o tesista está comenzando a desarrollar su trabajo de investigación, no sabe en cual punto de esta línea debe ubicar su trabajo de investigación que va a desarrollar es este momento como una tesis, porque todavía no es un experto dentro de esta línea de investigación que ha adoptado, que sí le parece apasionante, interesante y sobre todo que le gusta.

Sin embargo, no tiene la misma experiencia que tiene el investigador. Es aquí donde entra a tallar la experiencia del maestro. Esta es la persona que conociendo en forma global, en forma holística, toda la línea de investigación, le permitirá ubicar un vacío en el conocimiento dentro de la línea de investigación acorde a la capacidad investigativa que tiene un investigador en formación como es el alumno o tesista, para asignarle la tarea de cubrir ese vacío que en un inicio puede ser pequeño y cuando tiene mucha más experiencia puede ser mayor.

Hasta el punto donde el propio alumno o tesista ya convertido en un investigador más adelante, pueda ser autosuficiente para identificar los puntos donde debe desarrollar su trabajo. Pues bien este punto donde debe desarrollar su trabajo corresponde al propósito del estudio.

Ahora nos vamos a imaginar una línea vertical, a la cual vamos a denominar línea de investigación, a su vez vamos a imaginarnos una línea horizontal a la cual vamos a denominar nivel investigativo. Pues bien, el lugar donde se cruza la línea de investigación, que es la línea vertical, con el nivel investigativo, que es la línea horizontal, es allí, en ese punto, donde debemos desarrollar el estudio y se llama propósito del estudio.

Hace un momento ya había mencionado algunos ejemplos; por ejemplo, había dicho que podemos hacer algunos estudios para la diabetes como prevalencia, factores de riesgo, causas, pronósticos y tratamiento. Precisamente, estos términos hacen referencia al propósito del estudio. Si me preguntan cuál es tu propósito de estudio, yo puedo decir que es un estudio del tratamiento, puedo decir que es un estudio de factores de riesgo, un estudio de pronóstico, un estudio de prevalencia o un estudio de causas.

Pero no solamente se aplica a la diabetes. Si tú reemplazas a la diabetes por cualquier otra enfermedad, como por ejemplo el cáncer de estómago, entonces tú puedes decir prevalencia de cáncer de estómago, factores de riesgo para el cáncer de estómago, causas del cáncer de estómago, pronóstico del cáncer de estómago y tratamiento del cáncer de estómago. Estos propósitos se adaptan a cualquier enfermedad y no solamente en el campo de la salud, sino también en otros campos.

En el campo de las ciencias sociales aparecen problemas, como por ejemplo, en el campo educativo "el fracaso escolar", también pueden ser susceptibles hacer evaluados con estos términos como frecuencia del fracaso escolar, factores de riesgo para el fracaso escolar, causas del fracaso escolar, consecuencia del fracaso escolar y las intervenciones que debemos realizar para evitar las consecuencias del fracaso escolar.

Estos términos corresponden al propósito del estudio y que se diferencian por el nivel investigativo en el cual se ubican

Hay que recordar que los niveles de la educación corresponden a peldaños, a escalones que tenemos que ir ganando, que tenemos que ir conquistando o avanzando para llegar al nivel más alto de la investigación, que es la investigación aplicada. Investigación aplicada es la intervención sobre la población para solucionar el problema que generó nuestra línea de investigación, por eso es que siempre queremos llegar a este nivel de la investigación aplicada.

Sin embargo, para poder desarrollar un estudio de este nivel investigativo de investigación aplicada, se requieren tener los estudios anteriores, los estudios previos; es decir, el de pronóstico, el de las causas, el de los factores de riesgo, el de la prevalencia en orden inverso. Si yo quiero hacer un estudio de nivel aplicado y no tengo un estudio de factores pronósticos, pues allí tengo un vacío en el conocimiento y tal vez deba retroceder en mi línea de investigación para poder cubrir preliminarmente ese vacío y, más adelante, realizar la intervención, la aplicación que quiero para mi población, para solucionar el problema que generó mi línea de investigación.

Por supuesto, este razonamiento que hacemos con entidades tan conocidas como la diabetes, el cáncer de estómago o el fracaso escolar son sencillas porque las manejamos de manera cotidiana. Sin embargo, no es tan fácil cuando se traten de otras entidades, de enfermedades raras, de problemas difíciles de diseccionar; en el campo de las ciencias sociales, en el campo educativo, en muchos casos no va a ser tan simple de descubrir dónde es que hay un vacío en el conocimiento.

No obstante, el tutor o mentor, que es un especialista, un experto con mucha experiencia y que tiene mucho tiempo en el desarrollo de esta línea de investigación, sí será capaz de tener una visión holística y de ayudar al alumno a identificar el punto exacto de la línea de investigación donde tendrá que desarrollar su trabajo, es decir su propósito investigativo.

El propósito se ubique en el nivel descriptivo, en el nivel relacional, en el nivel explicativo, en el nivel predictivo o en el último nivel, el aplicativo, pero incluso dentro de un mismo nivel investigativo, podemos identificar varios propósitos. Esto es algo así como subniveles de investigación que en realidad son los objetivos estadísticos, porque dentro de cada nivel investigativo podemos ubicar diferentes propósitos investigativos que, a su vez, se traducen en objetivos estadísticos.

Por ejemplo, si yo quiero conocer los factores de riesgo para la hipertensión arterial, puedo hacer un estudio comparativo como el diseño de los casos y controles que tiene dos variables: tiene una variable fija, el criterio de conformación de grupo, y una variable aleatoria, la variable que vamos a medir; o puedo desarrollarlo también con un estudio de asociación, es decir, cuando las dos variables son aleatorias.

Entonces, tengo estas dos opciones: puedo hacer una comparación o puedo hacer una asociación, que corresponden a los objetivos estadísticos para un mismo propósito porque mi propósito es conocer el riesgo para la hipertensión arterial. Un propósito investigativo se puede desarrollar con diferentes objetivos, por eso el paso preliminar para poder desarrollar un trabajo de investigación, es identificar el propósito y este es precisamente la intersección entre estas dos líneas que habíamos mencionado inicialmente: la línea de investigación con el nivel investigativo.

Además, es importante identificar el propósito del estudio, porque este es el principal elemento del enunciado del estudio, es la palabra por la cual empezamos a escribir el título de nuestro trabajo de investigación, exactamente el enunciado del estudio. Para hablar con propiedad, el propósito refleja la intencionalidad del investigador, es un hecho muy concreto, muy claro y muy preciso que el investigador desea mostrar, conocer, encontrar.

Dependiendo del propósito mismo de una determinada línea de investigación, el propósito se traduce en un deseo del investigador de querer conocer algo y ese algo que vamos a conocer cubrirá el vacío del conocimiento dentro de la línea de investigación. A partir de la definición del propósito del estudio, podemos escribir el enunciado agregando las variables analíticas, las unidades de estudio, la delimitación o ubicación espacial y la delimitación temporal. Pero sin el propósito del estudio plenamente identificado, de seguro que fracasaremos en la escritura del enunciado del estudio.

Lo más importante aquí es el propósito. Por eso, el tutor o mentor debe ayudar al alumno o tesista a identificar cuál es este propósito o por lo menos debe ayudarle a identificar si el propósito que está planteando a desarrollar es el adecuado, si coincide con la necesidad de conocer, si coincide con el propósito claro, con el hecho concreto y preciso y que busca cubrir el vacío de la línea de investigación. El propósito es la razón de ser de un trabajo de investigación.

Principio N° 6

El ámbito de recolección de datos

Está muy relacionado a la forma en que vamos a recolectar nuestra información o al lugar donde vamos a acudir para tener los datos. Por supuesto, va a depender del tipo de estudio que estemos desarrollando. Hay que recordar que existen dos tipos de estudio: los estudios descriptivos y los estudios analíticos. Dependiendo de esto, el ámbito de recolección de datos se define de una forma distinta y la tarea del tutor o mentor también es diferente.

Recordemos la diferencia entre un estudio descriptivo y un estudio analítico, para luego desglosar con mayor actitud las funciones del tutor o mentor según cada caso. En los estudios descriptivos, delimitamos la zona geográfica donde vamos a recolectar los datos por comodidad, por ejemplo, si realizamos un estudio de prevalencia de diabetes en la ciudad de Lima, probablemente sea porque vivimos en la ciudad de Lima, pero hay una diferencia sustancial entre el primer enunciado y el segundo.

Los estudios descriptivos, como los estudios de prevalencia, pueden extrapolarse o pueden tener conclusiones únicamente para su propia población. Es decir, la prevalencia de diabetes en la ciudad de Lima es distinta a la prevalencia de diabetes en la ciudad de México, en Buenos Aires o en Santiago.

En otros casos, hablando ya en el estudio analítico, como los factores de riesgo como la diabetes, estos tienen conclusiones que pueden ser llevadas más allá de los límites de la población estudiada. Es decir, si la obesidad es un factor de riesgo para la diabetes en la ciudad de Lima, probablemente también sea un factor de riesgo para la diabetes en Santiago, en Buenos Aires o en Ciudad de México.

Lo que sucede con los estudios analíticos es que la relación entre variables es independiente del ámbito de recolección de datos. Por eso, cuando realizamos un estudio descriptivo definimos la población donde vamos a trabajar para obtener nuestras unidades de estudio; en cambio cuando trabajamos en un estudio analítico, tenemos que definir el ámbito de recolección de datos y no hablamos específicamente de recolección.

¿Qué tiene que ver esto con el tutor o mentor? Lo que sucede es que el tutor o mentor, al ser un investigador que comparte la línea de investigación con su alumno, con el tesista, debe tener la capacidad suficiente para poder guiar el trabajo de investigación de su pupilo, debe conocer la población de estudio o el ámbito de recolección de datos.

Vamos hacer una diferencia entre un estudio descriptivo, que tiene población, y un estudio analítico, que tiene ámbito de recolección de datos. Para esto voy a contarles una situación que ocurre con mucha frecuencia.

Por lo menos, aquí en el Perú, los estudiantes de Medicina, en el internado de pregrado, es decir, en el año número siete de la carrera, desarrollamos el internado médico, que son las practicas pre-profesionales y muchos estudiantes se trasladan a otras ciudades, incluso a la capital, para poder desarrollar este internado.

Como tienen que realizar su trabajo de tesis, aprovechan este tiempo, este año en el que están desarrollando su internado, para poder desarrollar también su trabajo de tesis, y como se encuentran distantes a la universidad de origen, eligen como tutor o mentor a uno de los docentes, a uno de los profesionales especialistas del hospital donde están desarrollando su trabajo.

Como es lógico, este especialista, este maestro que trabaja en el hospital donde el estudiante está realizando su internado medico de pregrado, conoce la realidad, conoce la población en la cual el alumno va a desarrollar su trabajo de investigación, como por ejemplo, un estudio hospitalario.

Entonces, es la perfecta guía para poder conducir al alumno en su trabajo de investigación, porque conoce los problemas de la población donde se va a ejecutar el estudio, como por ejemplo, complicaciones del parto en gestantes atendidas en el Hospital Rebagliati en la ciudad de Lima.

Si el interno, el alumno o tesista, proviene de una universidad fuera de la ciudad de Lima, es lógico que acuda a un maestro, a un médico, a un profesional para que sea su tutor o mentor y que trabaje en el hospital donde va a realizar su trabajo de investigación. Esto es porque este tutor o mentor conoce la población hospitalaria o conoce ámbito de recolección de datos, según sea el caso. Es decir, ya sea que se trate de un estudio descriptivo o que se trate de un estudio analítico.

Esta es también otra de las razones por las que en la universidad de origen no se le puede exigir al estudiante, al tesista, al alumno, que escoja un tutor o mentor solamente dentro del *staff* de profesionales de docentes universitarios especialistas con el que cuenta la universidad, porque como es lógico, este estudiante proviene de la ciudad de Arequipa y está realizando su internado medico en la ciudad de Lima, en un hospital de la capital.

Si el estudiante tuviera un tutor o mentor de la ciudad de Arequipa, lógicamente este especialista, este profesional, este maestro que tiene todas las cualidades para hacer un maestro, no conoce la realidad del hospital Rebagliati. Y lógicamente no va a poder conducir con eficacia el trabajo de investigación. Además, se encuentra distante del alumno, sobre todo cuando se realizan estudios descriptivos.

Dijimos que la descripción de fenómenos como la prevalencia de un enfermedad, es distinta según la localidad en la que se realice. En cambio, los estudios analíticos son independientes de la localidad donde se ejecute. Es decir, si la obesidad es un factor de riesgo en la ciudad de Lima, probablemente, también sea un factor de riesgo para la diabetes en la ciudad de Arequipa. En ese caso, el alumno puede tener un tutor o mentor a distancia siempre que se comparta la línea de investigación.

Pero cuando el estudio es descriptivo, el tutor o mentor necesariamente tiene que conocer la población, y la experiencia que ha acumulado a lo largo de sus años de su línea de investigación tiene que estar relacionada a la población donde se va a ejecutar el estudio. De otra manera no podría guiar con eficiencia el estudio que está desarrollando el alumno o tesista.

Para remarcar mejor la idea es que existen dos tipos de estudio: los descriptivos y los analíticos. Los estudios descriptivos se encuentran delimitados geográficamente y en estos se define poblaciones en los cuales se van a estudiar parámetros.

En cambio, en los estudios analíticos se relacionan variables y estas relaciones son independientes de la localidad o del espacio geográfico donde se esté realizando.

Lógicamente, el tutor o mentor tiene que conocer la población donde se va a realizar el estudio para poder guiar con eficiencia a su alumno o tesista.

En cambio, en los estudios analíticos esto no es tan riguroso porque podría el tutor o mentor tener una guía a distancia de su estudiante, porque las relaciones entre variables son independientes de los espacios geográficos e incluso independientes del tiempo, en lo único que se enfoca el estudio es la relación entre variables y no en la caracterización de una determinada población.

Un tipo de estudio analítico muy conocido es el experimento y los experimentos se caracterizan por tener mediciones controladas.

El control es una de las característica más importantes del experimento y el estudio experimental es uno de los estudios con mayor número de controles, incluso tiene un grupo control, también tiene medidas repetidas, lo cual permite hacer autocontroles dentro de los propios grupos y una serie de cuestiones metodológicas que ayudan a controlar la relación entre variables que vamos a analizar.

En estos casos sí es factible que el tutor o mentor pueda dar una guía a distancia para el desarrollo del trabajo de investigación de su alumno, no es necesario que conozca ámbito de recolección de datos, porque los experimentos son estudios controlados y, clásicamente, los experimentos en ciencias de la salud se desarrollan en laboratorios, como también ocurren en las ciencias naturales o, por lo menos, en algunas carreras profesionales.

En ese caso, no es importante dónde se desarrolle el experimento, ya sea en la ciudad de Arequipa, en la cuidad de Lima, Santiago, en Buenos Aires o en Ciudad de México. Los resultados de un experimento son independientes o deben ser independientes de la localidad donde se realizan.

Precisamente, si hemos hecho un buen control, logramos esta independencia. El hecho de que haya diferencias en los resultados por la localidad donde se realizan, quiere decir que no hemos ejecutado un buen control. El tutor o mentor no necesita conocer el ámbito de recolección de datos en los estudios experimentales, pero en los estudios descriptivos es preciso que conozca la población donde se ejecutan las mediciones.

Principio N° 7

Revisando el enunciado del estudio

Uno de los principios u orígenes del método investigativo para un determinado estudio es el enunciado del estudio y, lógicamente, tiene que ser escrito por el propio autor del trabajo de investigación, es decir, por el alumno o tesista.

La función del tutor o mentor es revisar si este enunciado está escrito de manera adecuada, lógicamente que la escritura del enunciado se realiza después de que el alumno ha identificado su línea de investigación y después de que ha identificado también el propósito de su estudio, es decir, el nivel o el punto donde va a desarrollar su trabajo dentro de la línea de investigación.

Recordemos que una línea de investigación es como una cadena donde cada uno de sus eslabones corresponde a un estudio y lo que diferencia a un estudio de otro dentro de una misma línea de investigación es el propósito.

En nuestro ejemplo de la enfermedad de la diabetes como línea de investigación, dentro de esta línea podemos desarrollar estudios de prevalencia de diabetes, factores de riesgo para la diabetes, causas de la diabetes, pronóstico de la diabetes y tratamiento para la diabetes. Estas palabras que acompañan a la diabetes, que es prevalencia, factores de riesgo, causas, pronostico y tratamiento corresponden al propósito del estudio.

Es decir, primero se definió a la diabetes como línea de investigación y después identificamos un determinado propósito, que corresponde a un deseo particular del investigador y que también el tutor o mentor ayuda al alumno o tesista a poder identificar esta necesidad, algo muy puntual muy específico, algo muy delimitado dentro de esta línea de investigación.

A partir de la identificación de este propósito es que se escribe el enunciado y aparentemente escribir un enunciado es sencillo y, de hecho, que lo es, lo que sucede es que no siempre los estudiantes tienen éxito cuando escriben el enunciado del estudio.

Luego de revisar muchos trabajos de investigación tipo tesis, cuando ya los estudiantes incluso han terminado de ejecutar su recolección de datos y han escrito su informe final, encuentro que los enunciados no están correctamente escritos y en ese caso tenemos que acudir a la hipótesis y a los objetivos, para poder entender qué es exactamente lo quiere conocer el alumno o tesista con su trabajo de investigación.

Esto quiero decir que el enunciado del estudio no estaba correctamente escrito y que, con un principio así, con un punto de partida de este tipo, es lógico que el método investigativo debe estar también incorrecto.

Por eso, una de las primeras tareas del tutor o mentor es revisar que el enunciado del estudio esté adecuadamente escrito, partiendo de la premisa de que ya se tiene definido un propósito para el estudio particular, que en este momento se va a desarrollar. Debemos identificar en el enunciado que ha escrito el alumno o tesista cinco elementos importantes.

El primero de ellos ya lo hemos mencionado: es el propósito y debe ir acompañado de las variables analíticas, es decir, las características observables de las unidades de estudio, de los pacientes llamados usuarios, clientes o en otros campos del conocimiento estudiantes, trabajadores, profesores, etc. Se trata de personas o sujetos a los cuales les evaluamos una determinada característica, y estas características se denominan variables, solo que en el enunciado no escribimos todas las variables, sino solamente a las variables analíticas. Veamos cómo es esto:

En un estudio de factores de riesgo para la diabetes, ubicamos a dos variables analíticas. La primera es la variable 'factores' y la segunda, la variable 'diabetes', pero dentro de la variable factores están todas las características que incrementan la probabilidad de enfermar de diabetes, que pueden ser sobrepeso, hábito de fumar, sedentarismo, consumo de comida chatarra, etc., un sin fin de características que el investigador cree incrementan la probabilidad de enfermar de diabetes. Todas estas características en conjunto se denominan como una variable analítica; la palabra factor en el enunciado identifica a una variable analítica.

La otra variable que es 'diabetes', identifica también una segunda variable analítica. Esto quiere decir que en el enunciado factores de riesgo para la enfermedad de la diabetes existen dos variables analíticas.

Entonces, lo que escribimos en el enunciado son solamente las variables analíticas y no todas las características de la unidad de estudio, porque si hiciésemos eso, si tuviésemos que escribir todos los factores que pueden potencialmente incrementar la probabilidad de enfermar de diabetes, el enunciado sería más o menos así: "La obesidad, el sedentarismo, el consumo de alcohol, el consumo de comida chatarra, la hipertensión son factores de riesgo para la enfermedad de la diabetes". ¿Y qué pasaría si planteamos no solamente cinco o seis factores sino 20, 25 factores? Tendríamos un enunciado exageradamente extenso, sobre todo innecesariamente largo.

Por eso en el enunciado del estudio van únicamente las variables analíticas, puede ser solamente univariado, es decir, una variable; puede ir solamente una variable analítica en el enunciado, esto ocurre en los estudios descriptivos precisamente porque son univariados; puede haber dos variables analíticas, como ocurre en los estudios relacionales, porque son característicamente bivariados o de dos variables; puede haber también tres variables analíticas como en los estudios multivariados, que empiezan a aparecer a partir del nivel investigativo explicativo.

En consecuencia, en el enunciado podemos encontrar una variable, dos variables o tres variables analíticas. Como es lógico, por lo menos tiene que haber una porque si no, no estaríamos viendo nada en las unidades de estudio. Después de las variables analíticas que además ya hemos mencionado que debe ir también el propósito del estudio, aparecen las unidades de estudio, en ese orden, primero el propósito, después las variables y en tercer lugar las unidades de estudio. Pero ¿que son las unidades de estudio? Pues son los sujetos a quienes vamos a medir las variables que ya hemos mencionado.

En el campo de la salud, estos sujetos son los pacientes que a veces los llamamos usuarios o clientes, según otras visiones en otros ámbitos serán estudiantes, maestros, trabajadores, pobladores etc. En el campo de la ciencia de la salud y las ciencias sociales, básicamente, son personas.

Pero en un término extenso hay que recordar que las unidades de estudio no siempre son sujetos, a veces pueden ser objetos. Por lo general van a ser sujetos, es decir, personas. Por lo tanto, hay que ponerle un nombre a esta unidad de estudio, por ejemplo, pacientes y decimos entonces "Prevalencia de hipertensión en pacientes diabéticos". La prevalencia es el propósito, la hipertensión es la variable y los diabéticos son las unidades de estudio. En este ejemplo, los 'diabéticos' no es una variable, porque todas las personas que vamos a evaluar todas tienen diabetes.

Vamos a suponer que son 100 personas, todas las personas son diabéticas, pero algunas de ellas tienen hipertensión y eso sí es una variable, porque algunos tienen hipertensión y otros no. Por eso cuando decimos prevalencia de hipertensión en pacientes diabéticos, entonces allí tenemos el propósito "prevalencia", la hipertensión es la variable y los pacientes diabéticos son las unidades de estudio.

De hecho, podríamos cambiar el enunciado de la siguiente manera "Prevalencia de hipertensión en mayores de 60 años", y en este caso las unidades de estudio son los "mayores de 60 años". Allí tenemos ya los tres elementos del enunciado, ya nada más nos faltaría agregar la delimitación espacial y la delimitación temporal que aparecen en los estudios descriptivos, porque los estudios descriptivos como prevalencia o incidencia cambian según la localidad geográfica y cambian según el tiempo.

Por ejemplo, la prevalencia de hipertensión no es la misma en la ciudad de Lima que en Ciudad de México. No tendrían por qué ser iguales, porque las condiciones de vida son distintas. La prevalencia cambia de ciudad en ciudad y también cambia de tiempo en tiempo.

Es decir, la prevalencia de hipertensión en 1980 no es la misma que la prevalencia de hipertensión en el presente año.

Los estudios descriptivos se delimitan espacial y temporalmente, mientras que los estudios analíticos no. Es decir, un estudio de factores de riesgo, donde identificamos que el hábito de fumar es un factor de riesgo para el cáncer de pulmón, en la ciudad de Lima, pues los que fumen en Ciudad de México también tendrán riesgo de desarrollar cáncer de pulmón.

Entonces, esta relación entre el hábito de fumar y el cáncer de pulmón, el hábito de fumar como factor de riesgo, no solamente se cumple en una localidad sino en todas las localidades y, probablemente, también en todos los tiempos, porque si fumar produce cáncer de pulmón actualmente, en 1980 también lo producía.

Por eso, los estudios analíticos no tienen población sino ámbito de recolección de datos. En los estudios analíticos no se delimita la población de estudio, sino se identifica un ámbito de recolección de datos, porque las conclusiones que obtenemos sobre este grupo son extrapolables a poblaciones que incluso no fueron parte de la seleccionada para extraer la muestra.

Principio N° 8

Analizando la factibilidad del estudio

Muchos estudiantes se preguntan si la idea de investigación que acaban de construir es posible de realizar o no, luego lo presentan ante su tutor o mentor y este les indica que este trabajo no se puede desarrollar. Nueve de cada diez veces que escucho esta respuesta, es equivocada. Para saber si el estudio puede desarrollarse o no, hay que realizar un análisis de factibilidad y este análisis de factibilidad parte fundamentalmente de identificar dos situaciones o cuestiones.

La primera es tener una población de estudio, y la segunda es contar con un instrumento de medición. Asegurarse de tener una población de estudio parece lógico, pero en muchas situaciones, el estudiante plantea un trabajo de investigación y no cuenta con la población de estudio o podría ocurrir también con el instrumento; plantea desarrollar un determinado estudio y no tiene la forma de medir los datos que necesita para desarrollar su trabajo

Hace algunos años mientras me graduaba, un compañero que estaba desarrollando un trabajo de investigación acerca del tratamiento quirúrgico de la úlcera péptica en el hospital de esta ciudad, y él se planteaba desarrollar un estudio descriptivo acerca de los procedimientos, de las características clínicas, del post quirúrgico, de los pacientes que recibían tratamiento quirúrgico para la ulcera péptica. Pero ya no era viable.

En la antigüedad se desarrollaban vagotomías y otros tipos de tratamiento quirúrgico, pero en la actualidad, con el auge del desarrollo de la farmacología y los antiácidos, los anti H1, los inhibidores de la bomba de protones, estas patologías de úlcera péptica ya no llegan a convertirse en entidades que requieren un tratamiento quirúrgico. Lo que sucede es que este estudiante había leído un artículo algo desfasado que ya no tenía vigencia y planteaba desarrollar un estudio muy similar al artículo.

Entonces, desarrolla su proyecto de investigación con un muy buen planteamiento, su línea de investigación era la úlcera péptica y había definido su nivel investigativo en el tratamiento, pero para el tratamiento había elegido el tratamiento quirúrgico y después de que incluso le aprobaran su proyecto de investigación, decidió ir a recoger los datos, es decir, la información de los pacientes que habían recibido tratamiento quirúrgico en los últimos cinco años, que es lo que él se había planteado.

Resulta que al momento de ubicar las historias clínicas de los pacientes tratados quirúrgicamente, estas no existían, porque actualmente los pacientes ya no llegan a este punto de ser tratados quirúrgicamente. Es decir, que la población que pretendía estudiar no existía y esto es uno de los ejemplos que tenemos que citar aquí, porque no siempre la población que pretendemos estudiar está a nuestro alcance.

Otra situación que se le presentó también a un colega es que quería desarrollar un estudio de pronóstico de los recién nacidos con muy bajo peso, (niños que nacen con menos de 1500 gramos), en el Hospital Regional aproximadamente habían unos 40 niños por año con esta condición de muy bajo peso. Entonces, si tenemos 40 niños por año, en cinco años tendríamos 200 casos de recién nacidos con muy bajo peso.

Estudiar el pronóstico de estos niños es una idea muy interesante, se planteó un proyecto de investigación con todas las consideraciones metodológicas, un buen enunciado, una buena línea de investigación y una buena conducción en el diseño metodológico, pero ten en cuenta que si vamos a estudiar los últimos cinco años, se trata de un estudio retrospectivo. Entonces, cuando fue a ubicar las historias clínicas de estos niños, estas no existían.

Antes de esta situación, a otro colega se le dio por estudiar algo similar. Para ello se había prestado las historias clínicas del hospital, aunque realmente no está permitido, no sé cómo puedo lograr conseguir que le permitieran esto, pero la verdad es que se las prestó y olvidó devolverlas.

Por eso es que las historias clínicas de estos pacientes ya no existían y cuando este tesista, cuando este graduando quería desarrollar un estudio sobre este tipo de pacientes, pues no encontró las historias clínicas y tuvo que desarrollar un nuevo trabajo de investigación.

Como es lógico, con la concerniente pérdida de recursos económicos y, por supuesto, el malestar de no poder desarrollar eficazmente su trabajo. en este caso, no existía la población de estudio o, por lo menos, las unidades de información.

En otro caso, un colega quiso estudiar la prevalencia de la tiña pedis en los oficiales del Ejército Peruano. Sin embargo, para acceder al Ejercito había que solicitar un permiso, sobre todo si se trata de la población de oficiales, que no están dispuestos a que se les realice una evaluación clínica de sus pies, sobre todo si tienen alguna patología de estas, que para algunos puede resultar vergonzoso.

Lo cierto es que el tipo de indumentaria, las botas, los borceguís, que utilizan los militares favorecen el desarrollo de la tiña pedis, solo que ellos no estaban dispuestos a colaborar. Así que este tesista, este estudiante, cuando solicitó el permiso al comando del Ejército, este permiso le fue denegado y no pudo acceder a la población de estudio.

El planteamiento era genuino, la línea de investigación: patologías de los militares, como la tiña pedís, y solo queríamos hacer un estudio de frecuencias, pero aun así no se pudo desarrollar, porque no había un permiso para hacer las evaluaciones clínicas a esta población.

Como vemos, no siempre las población de estudio está disponible para nuestro estudio, así que antes de pensar en el estudio que vamos a desarrollar, hay que analizar la factibilidad del estudio y si este realmente puede ejecutarse en la población que hemos definido previamente.

El segundo elemento en el cual factibilizamos nuestro trabajo de investigación, es el instrumento. La primera condición para poder saber si el estudio en mente, si el estudio que tenemos planteado se puede ejecutar o no es tener el instrumento de medición y ahora debemos recordar que existen dos tipos de instrumentos: los instrumentos documentales y los instrumentos mecánicos.

Enfoquémonos en primer lugar en los instrumentos mecánicos. Hace poco tiempo un especialista de la profesión o carrera de odontología pretendía evaluar la dureza de un material de restauración dentaria.

Para ello se planeó construir unos cilindros de unas determinadas dimensiones que había encontrado en un protocolo para ser sometidas a una máquina que se llama durómetro, y así medir la fuerza en el momento que se quiebran estos cilindros que se habían preparado con este material de restauración dentaria.

Por supuesto, aquí el instrumento es el durómetro y lo primero que había que pensar es si contábamos o no con él. Este durómetro se encontraba en la Facultad de Física de una universidad local, así que el instrumento sí estaba disponible, porque si el instrumento con el cual vamos a realizar nuestra mediciones no está disponible, lógicamente el estudio no es viable o no es factible, como les pasa a muchos.

Entonces, cuando el proyecto ya fue aprobado, se planteó realizar las mediciones, se necesitaba de la manipulación de un ingeniero porque esta es una cuestión muy técnica. Pero este ingeniero estaba de vacaciones y no se podían realizar las mediciones que se necesitaban en este caso.

Así que el estudio tampoco era factible. No porque no existiera el instrumento, sino porque no había la persona para poder manipular el instrumento.

Por lo tanto, siempre debemos asegurarnos, no solo de la existencia del instrumento, sino también que podemos manipularlo o de que contamos con el apoyo necesario para poder realizarlo.

Por otro lado, si el instrumento que vamos a necesitar es un instrumento documental, pues también tenemos que saber si es que tal instrumento documental ya sea un cuestionario, una escala o un inventario, existen. En el caso de que no existieran, pues tendríamos que construir uno propio y para ello tendríamos que conocer las técnicas de la creación y de la validación de instrumentos.

Pero si queremos medir una variable subjetiva y no existe un instrumento para poder evaluar esta variable, es lógico que tenemos que retroceder un paso hacia atrás dentro de nuestra línea de investigación y desarrollar un estudio en el cual construyamos y validemos el instrumento de medición para la variable subjetiva que necesitamos evaluar dentro de nuestra línea de investigación.

Hay que recordar que los estudios que nosotros desarrollamos están interrelacionados entre sí, que uno está antes que el otro. Y si nosotros nos aventuramos muy adelante dentro de nuestro camino, dentro de nuestra línea de investigación, pues cuando queremos saltarnos muchos pasos vamos a encontrar vacíos que no nos van a permitir avanzar, como en el caso en el que no existe un instrumento de medición documental y tenemos que construir uno propio. Lo apropiado sería desarrollar un trabajo de investigación, una tesis enfocada en la creación y la validación del instrumento.

Principio N° 9

Las observaciones del Jurado

Cuando un alumno o tesista presenta un trabajo de investigación a la universidad, le asignan en primer lugar un grupo de dictaminadores que revisan el proyecto de investigación y, más adelante, se convierten en jurados del informe final o de la tesis.

En general, una de las tareas de este Jurado calificador es asegurarse de la calidad de la información que se está desarrollando desde el punto de vista metodológico, porque hay que tener en cuenta que el alumno o tesista es un investigador en formación y no se espera que el trabajo de investigación sea meritorio de un premio Nobel.

Lo que se busca en este momento es que el alumno pueda desarrollar sus habilidades investigativas, conocer el método científico y desarrollar con eficiencia un trabajo de investigación, lo cual corresponde a la tesis.

Entonces, estos jurados van a plantear observaciones al trabajo desarrollado y que el alumno tendrá que revisar y corregir en los casos que sea necesario con la ayuda de su tutor o mentor. Aquí por supuesto hay que hacer un breve paréntesis, porque el tutor o mentor no es un jurado.

En muchas ocasiones vemos que los tutores, los que deberían ser los que alientan el trabajo del alumno, los que motivan al estudiante a concluir su trabajo de investigación, son los primeros en bloquear la actividad investigativa, enunciando frases como "ese trabajo no se puede ejecutar", "ese trabajo de investigación ya se hizo", "no tiene un nivel suficiente al grado académico que estás postulando" o "no es tan relevante o no es importante lo que estas planteando", etc.

Este mal tutor se adelanta a juicios que el Jurado aún no ha pronunciado. No es la tarea del tutor o mentor poner bloqueos al estudiante para el desarrollo de su trabajo, ni siquiera al grupo de profesionales al que denominamos Jurado.

El tutor o mentor es el apoyo no solamente del desarrollo metodológico, también es un apoyo moral. En un principio dijimos que la figura del tutor o mentor, es casi la figura de un padre y un padre no puede estar colocando bloqueos a los ímpetus de su pupilo, de su alumno, de su seguidor, del tesista.

En consecuencia, no es tarea del tutor o mentor colocar objeciones al trabajo del alumno, pero en muchas ocasiones el Jurado, que tampoco debería colocar objeciones y bloqueos, sí lo hace y, por supuesto, lo hace con las mejores intenciones.

El problema es que no todos los jurados son investigadores y ante la ausencia del conocimiento metodológico (del concepto de línea de investigación o del objetivo claro que tiene un trabajo de investigación tipo tesis para el alumno de nivel universitario ya sea en pregrado o post grado) es que plantea observaciones fuera de lugar.

Vamos a clasificar las observaciones o los tipos de observaciones que presentan normalmente los jurados de tesis.

Existen tres tipos de objeciones que vamos a resumir de la siguiente manera. Hay un grupo de objeciones o modificaciones que son totalmente pertinentes. Si bien el alumno o tesista es un investigador en formación y ha definido su línea de investigación, es un experto en el tema que está desarrollando y su tesis cuenta con la ayuda de un tutor o mentor, que también es un investigador que comparte la línea de investigación y que es un experto, aun así a este par de investigadores se les puede escapar unas cuestiones metodológicas

Habrá situaciones del trabajo de tesis que realmente pudieran haber errores que necesitan mejorarse, corregirse, adaptarse y que, en fin, pueden superarse a fin de tener un trabajo de investigación de mayor calidad. En algunos casos, el Jurado identifica este tipo de situaciones y plantea modificaciones u observaciones totalmente pertinentes.

En ese caso, por supuesto debemos adoptar este tipo de recomendaciones totalmente pertinentes que el Jurado calificador de la tesis está enunciando. Pero no todas las observaciones que el Jurado plantea son pertinentes.

Existen otros tipos de observaciones, que son más frecuentes, que son irrelevantes. Por ejemplo, una de las observaciones irrelevantes que habitualmente plantean los jurados es acerca del cuadro de operacionalización de variables.

Un cuadro de variables debe tener por lo menos cuatro columnas. La primera es para las variables, la segunda para la indicadores, la tercera para el valor final de medición y la cuarta para el tipo de variable.

Un cuadro de variables esquematiza el diseño del estudio, es el corazón del método investigativo, es a partir del cual se desarrolla el marco teórico y es una guía para el análisis estadístico. Por eso es totalmente pertinente que lo planteemos en forma de cuadro.

Solo que hay algunos jurados que creen que debiera presentarse de forma escrita, es decir, en prosa y no en forma de cuadro, porque creen que esto le da un enfoque distinto y la verdad es que, ya sea que lo plantees en un cuadro o lo plantees en forma escrita, pues si los contenidos son los mismos, realmente no hay ningún perjuicio, ni beneficio, por la forma de presentación que tengan nuestra variables, nuestro diseño investigativo.

Entonces, ¿el cuadro de variables puede presentarse en forma de texto? La respuesta es sí. Sí se puede y la verdad es que, aunque lo hiciéramos, esto no perjudica ni beneficia el método investigativo.

Así que si es una necesidad del Jurado cambiar la forma de presentación o el formato de nuestro trabajo, bien podríamos hacerlo y esto no va a perjudicar la calidad de nuestro método, ni la viabilidad de nuestro estudio.

Existen situaciones, por ejemplo, en el planteamiento de los objetivos, que se ven con mucha frecuencia. Vamos a poner un ejemplo. El objetivo sería describir las características clínicas y laboratoriales de los pacientes con tuberculosis.

Entonces, el Jurado sugiere que dividamos a este objetivo en describir las características clínicas de los pacientes con tuberculosis y aparte, en otro objetivo, describir las características laboratoriales de los pacientes con tuberculosis.

Esta sugerencia u observación que se desarrolla a partir del objetivo es totalmente irrelevante porque ya sea que lo planteemos de la primera forma o de la segunda forma, es exactamente lo mismo. Así que no hay ninguna razón para tener una predilección por una de ellas. De hecho, cualquiera de las dos formas en la que están planteados estos objetivos es correcta.

Si nosotros planteamos de una forma inicialmente y el Jurado quiere que lo cambiemos de una forma distinta, pues lo hacemos, y no perjudicamos ni beneficiamos el método que estamos desarrollando. Se trata de una observación irrelevante planteada por el Jurado. Estas observaciones irrelevantes suelen ser más frecuentes que las observaciones pertinentes, que sugieren mejoras para nuestro trabajo de investigación.

Cerca del 80% de las observaciones que realizan los jurados son modificaciones contraproducentes, es decir, realizarlas o ejecutarlas perjudican el método investigativo, el propósito del estudio o, por lo menos, perjudican el desarrollo de las conclusiones, la presentación de resultados. Esto es realmente inaudito pero sucede y con mucha frecuencia.

Hace poco un estudiante planteaba desarrollar un estudio de factores de riesgo para la enfermedad de la diabetes. Los factores de riesgo se pueden desarrollar con el diseño de los casos y controles, que es un diseño comparativo, es decir, necesitamos un grupo de personas con diabetes y un grupo de personas sin diabetes. Pero un jurado que no conoce de método investigativo, que no es investigador, hizo la siguiente observación le dijo al alumno o tesista que "solo debería estudiar al grupo de los diabéticos y que debería eliminar al grupo de los no diabéticos".

Lógicamente, esta modificación es totalmente contraproducente, porque no es posible analizar a un factor de riesgo de una manera univariada, es decir, con un solo grupo, necesitamos necesariamente los dos grupos, a los diabéticos y a los no diabéticos. Parece algo bastante lógico, pero hay jurados que hacen este tipo de recomendación y no solamente ha ocurrido con la diabetes sino con muchas otras enfermedades para las cuales se quería estudiar los factores de riesgo.

Por supuesto, ante esta situación o circunstancia el tutor o mentor debe entrenar al alumno o tesista para que pueda argumentar de una manera, por supuesto, respetuosa y elegante ante sus jurados que el planteamiento que se está desarrollando es el adecuado, es el correcto, porque en este caso no podemos hacer caso a las recomendaciones o a las objeciones que hace el Jurado.

Este tipo de observaciones contraproducentes suelen ser el 80% de las modificaciones que plantea el Jurado. Las modificaciones irrelevantes suelen ser el 15%, y solamente un 5% corresponde a las modificaciones pertinentes que realmente aportan al método investigativo y al desarrollo del estudio.

Principio N° 10

Las tareas que no pueden delegarse

Existen secciones del trabajo de investigación que pueden ser sub-contratadas, es decir, que podemos solicitar el apoyo de un asesor de servicios y dejarles la tarea de recolectar los datos. Por ejemplo, contratar personas para que encuesten a nuestra población de estudio, podemos contratar también a personal técnico para que realice las, o incluso si no es una medición totalmente complicada, si se trata de pesar y tallar a los pacientes de tener un índice de masa corporal, pues no es necesario que lo haga el propio investigador, ya que pesar y tallar a los pacientes no es una tarea complicada.

Otras cuestiones que pueden ser sub-contratadas son, por ejemplo, el análisis estadístico. De hecho el triple ciego implica que la persona que analiza los datos no sepa qué está analizando realmente y solamente observe la matriz de datos y no puede identificar al grupo de estudio o al grupo control.

El doble ciego es cuando el paciente no sabe a cuál de los dos grupos pertenece. Y el simple ciego es cuando la persona que ejecuta las mediciones no es el investigador.

Así que cuando nosotros sub-contratamos a alguien para que nos realice las mediciones, incluso esto es mejor que cuando nosotros mismos la realizamos. Hay que recordar que existe el sesgo del investigador, es un sesgo de medición que aparece cuando estamos muy entusiastas por querer demostrar nuestra hipótesis.

Entonces, incluso lo ideal es que otra persona realice las mediciones y a eso se le llama simple ciego. Lo ideal es que otra persona realice el análisis estadístico, y a eso se le llama triple ciego agregando pues al paciente cuando este no sabe a cuál de los grupos de investigación pertenece.

Pero la contraparte de todo esto es que existen tareas que no pueden delegarse, que necesariamente tiene que desarrollar el autor del trabajo, es decir, el alumno o tesista. Por supuesto, con el apoyo y la ayuda del tutor o mentor. La primera tarea que tiene el alumno o tesista es precisamente identificar su línea de identificación, nadie le puede ayudar con esta tarea, nadie puede saber de las necesidades personales del futuro que está visualizando el alumno o tesista con lo cual identifica su línea de investigación.

Otra tarea que el alumno o tesista no puede delegar, pero sí puede recibir apoyo de su tutor o mentor, es identificar a la población de estudio, porque cuando nosotros realizamos investigación, construimos una línea de investigación que busca solucionar un problema a una determinada población y que nosotros queremos ayudar.

Por ejemplo, si nuestra línea de investigación es la diabetes, pues nosotros queremos ayudar a los diabéticos y esta población de estudio tiene que ser identificada por el propio investigador, por la relación directa y el acceso a la población, sobre todo este último.

Otra de la tareas ineludibles para el alumno o tesista, es construir su cuadro de variables, porque solamente él sabe qué características son incluidas en el estudio, nadie puede ayudarle en esa tarea, solamente puede recibir consejería, y luego ya cuando se ha desarrollado el trabajo de investigación y se ha recolectado los datos, viene la fase de la presentación de resultados y la discusión.

La presentación de resultados, incluso, puede ser sub-contratada. Un estadístico perfectamente puede realizar la presentación de resultados, siempre que tenga a disposición una matriz de datos y tenga también el cuadro de variables y los objetivos del estudio. A partir de estos suministros puede desarrollar el análisis estadístico de cualquier trabajo.

Lo que no podemos hacer por otra persona es la discusión de sus resultados, porque existen elementos de la discusión que requieren del conocimiento de la línea de investigación y también de la experiencia del tutor o mentor, que en colaboración con su estudiante o su pupilo tendrán que desarrollar.

La discusión de los resultados es un proceso creativo que se puede desarrollar únicamente si eres un experto en el tema que se está estudiando, y el alumno o tesista, sí que es un experto, ha elegido su línea de investigación, además, el tutor o mentor es un experto porque es un investigador y tiene una línea de investigación muy desarrollada.

Uno de los conceptos que aparecen en la discusión es la relevancia clínica. Se trata de un proceso cualitativo y que nace de la experiencia del propio investigador. Entonces ante los resultados analíticos o estadísticos que tienen nuestro trabajo, siempre hay que impregnarle de la experiencia propia que uno tiene, porque no siempre el p-valor que obtenemos a partir de la prueba de hipótesis es exacto.

Puede haber sesgos de medición, sesgos de selección que hayan perjudicado la recolección de los datos, así que los cálculos no hayan sido lo más adecuados y los resultados no coincidan con la experiencia clínica de una determinada patología. Por eso, siempre es importante agregar la relevancia clínica y nadie mejor que el tutor o mentor para suministrar esta experiencia al alumno y poder complementar sus resultados.

Además, hay que comparar los resultados que hemos obtenido en el trabajo de investigación con los resultados de otros estudios. Pero esta comparación no es un comparación a nivel de pruebas de hipótesis, es decir, para comparar los resultados del trabajo en curso con los resultados de otro autor no hay que aplicar Chi cuadrado o T de Student, sino más bien es una comparación cualitativa o exploratoria a fin de poder saber por qué los resultados son distintos o por qué son consistentes con los otros investigadores.

Por supuesto, tenemos que tener en cuenta también el método que ha aplicado el otro investigador. Esta es una tarea que complementa los resultados del estudio con la línea de investigación y con la experiencia, con el método investigativo. Por eso, la única persona que puede ayudarle en esta tarea al tesista es el tutor o mentor y nadie más, esto es algo que no puede ser sub-contratado realmente.

También hay que hacer comentarios personales acerca de los resultados que hemos obtenido. Estos tienen que ver con la visión que tenemos para la solución del problema que genera la línea de investigación, es decir, si se ha hecho un estudio relacional, el siguiente estudio tendrá que ser de causa y efecto y, para ello, tendremos que elegir una de las variables que con mayor frecuencia favorecen el desarrollo de la enfermedad para plantearla como una posible causa.

Este comentario que hacemos de prueba de hipótesis lo planteamos para un siguiente estudio y también esta visión acerca de la solución del problema. Pues el tutor o mentor tiene más claro el panorama de la línea de investigación que el propio alumno. Por eso es que se requiere de su colaboración y de su participación.

La parte final del trabajo y donde el tutor o mentor ayuda a su pupilo o a su alumno, es cuando hay que plantear las recomendaciones. Estas se manejan a manera de hipótesis para dar continuidad a la línea de investigación.

Si el alumno o tesista, en el desarrollo de su trabajo, planteó una hipótesis que no pudo ser demostrada, tendrá que desarrollar un nuevo método investigativo para el mismo propósito, para saber si realmente la relación entre las variables que pretendía demostrar existen o no.

Esta recomendación de realizar un nuevo estudio es, por supuesto, para todos los investigadores que comparten la misma línea de investigación. En primer lugar, sería para el propio tutor o mentor o para el mismo tesista, que puede desarrollar un nuevo trabajo más adelante.

Dentro del trabajo de tesis, aunque la hipótesis no fuera demostrada, como trabajo de tesis es totalmente valido. Pero, evidentemente, si esto lo queremos llevar a una revista científica, no la van aceptar, porque en este tipo de revistas solamente publican hipótesis demostradas, estudios positivos les llaman algunos; pero esto no es lo mismo cuando se trata de un tesis porque la finalidad de una tesis es distinta a la finalidad de una publicación científica.

Una revista científica siempre quiere publicar hallazgos, novedades cuestiones que se han descubierto; una tesis tiene por finalidad desarrollar la habilidad investigativa del alumno, ya sea a nivel de pregrado o de postgrado. Así, no importa si la hipótesis resulto positiva o negativa, igual vale como trabajo de investigación que tiene que ser aprobado; pero la recomendación, en el caso de que la hipótesis no haya sido probada, sería desarrollar un nuevo método para el mismo propósito investigativo.

Si la hipótesis sí fue probada, habría que desarrollar un estudio en el siguiente nivel investigativo, es decir, el siguiente paso que tendríamos que dar para continuar avanzando con la línea de investigación y plantear soluciones solidas al problema que genera la línea de investigación, basado en el conocimiento científico, en la experiencia acumulada por el investigador y que realmente sean contribuciones al conocimiento y a la ciencia. Aun cuando no podamos plantear soluciones todavía para el problema, lo importante es nutrir con conocimiento a nuestra línea de investigación.

ACERCA DEL AUTOR

El Dr. José Supo es Médico Bioestadistico, Doctor en Salud Pública, director de www.bioestadístico.com y autor del libro "Seminarios de Investigación Científica".

Programas de entrenamiento desarrollados por el autor:

1. Análisis de Datos Aplicado a la Investigación Científica
2. Seminarios de Investigación para la Producción Científica
3. Validación de Instrumentos de Medición Documentales
4. Técnicas de Muestreo Estadístico en Investigación
5. Taller de tesis: Desarrollo del Proyecto e Informe Final
6. Análisis de Datos Categóricos y Regresiones Logísticas
7. Análisis Multivariado - Diseños Experimentales
8. Técnicas de análisis Predictivos y Modelos de Regresión
9. Minería de Datos para la Investigación Científica.
10. Control de Calidad: Análisis del Proceso, Resultado e Impacto
11. Entrenamiento para Tutores, Jurados y Asesores de tesis
12. Herramientas para la Redacción y Publicación Científica

MÁS SOBRE EL AUTOR

El Dr. José Supo es conferencista en métodos de investigación científica, entrenador en análisis de datos aplicado a la investigación científica y desarrolla talleres sobre los siguientes temas:

Libros y audiolibros publicados por el autor:

1. Cómo empezar una tesis
2. Cómo escribir una tesis
3. Cómo sustentar una tesis
4. Cómo ser un tutor de tesis
5. Cómo evaluar una tesis
6. Cómo asesorar una tesis
7. Taxonomía de la investigación
8. El propósito de la investigación
9. Las variables analíticas
10. Los objetivos del estudio
11. Cómo probar una hipótesis
12. Cómo elegir una muestra
13. Cómo validar un instrumento
14. Validación de pruebas diagnósticas
15. Técnicas de recolección de datos
16. Cómo se elige una prueba estadística

¿Quieres saber más?

www.asesoresdetesis.com